Üben 3 Welche Ergebnisse sind gleich? Rechne und male in der gleichen Farbe an.

- 3 · 10 + 17 = ...
- 7 · 10 – 28 = ...
- 9 · 10 + 87 = ...
- 8 · 10 – 23 = ...
- 6 · 10 + 85 = ...
- 5 · 10 + 67 = ...

- 2 · 10 + 22 = ...
- 9 · 10 + 55 = ...
- 10 · 10 + 77 = ...
- 7 · 10 + 47 = ...
- 4 · 10 + 17 = ...
- 5 · 10 – 3 = ...

Üben 4 Rechne.

5 · 10 + 26 = ...

8 · 10 – 37 = ...

6 · 10 + 57 = ...

4 · 10 + ... = 96

0 · 10 + ... = 115

9 · 10 – ...... = 44

7 · 10 – ...... = 34

...... · 10 + 47 = 147

...... · 10 – 31 = 29

...... · 10 + 68 = 118

...... · 10 – 27 = 73

...... · 10 – 53 = 17

...... · 10 + 68 = 68

...... · 10 + 68 = 158

Die Zehnerreihe üben

Lösung 3

Für jede richtig gelöste Aufgabe gibt es 1 Punkt.

$3 \cdot 10 + 17 = 47$	$2 \cdot 10 + 22 = 42$
$7 \cdot 10 - 28 = 42$	$9 \cdot 10 + 55 = 145$
$9 \cdot 10 + 87 = 177$	$10 \cdot 10 + 77 = 177$
$8 \cdot 10 - 23 = 57$	$7 \cdot 10 + 47 = 117$
$6 \cdot 10 + 85 = 145$	$4 \cdot 10 + 17 = 57$
$5 \cdot 10 + 67 = 117$	$5 \cdot 10 - 3 = 47$

Lösung 4

Für jedes richtige Ergebnis gibt es 1 Punkt.

$5 \cdot 10 + 26 = 76$	$10 \cdot 10 + 47 = 147$
$8 \cdot 10 - 37 = 43$	$6 \cdot 10 - 31 = 29$
$6 \cdot 10 + 57 = 117$	$5 \cdot 10 + 68 = 118$
$4 \cdot 10 + 56 = 96$	$10 \cdot 10 - 27 = 73$
$0 \cdot 10 + 115 = 115$	$7 \cdot 10 - 53 = 17$
$9 \cdot 10 - 46 = 44$	$0 \cdot 10 + 68 = 68$
$7 \cdot 10 - 36 = 34$	$9 \cdot 10 + 68 = 158$

TIPP

Punktrechnung (mal oder geteilt) kommt vor Strichrechnung (plus oder minus).

$3 \cdot 10 - 7 = 30 - 7 = 23$

Üben 3 ☐ Punkte Üben 4 ☐ Punkte

Üben 5 Rechne und färbe die Einerstellen.

1 · 5 = ...

2 · 5 = ...

3 · 5 = ...

4 · 5 = ...

5 · 5 = ...

6 · 5 = ...

7 · 5 = ...

8 · 5 = ...

9 · 5 = ...

10 · 5 = ...

Üben 6 Zeichne das Muster der Fünferreihe. Verbinde dafür die Einerstellen, die du in Üben 5 bereits gefärbt hast, der Reihe nach. Beginne bei der Null. Schreibe die dazugehörenden Ergebnisse auf die Linie neben den Einerstellen. Was fällt dir auf?

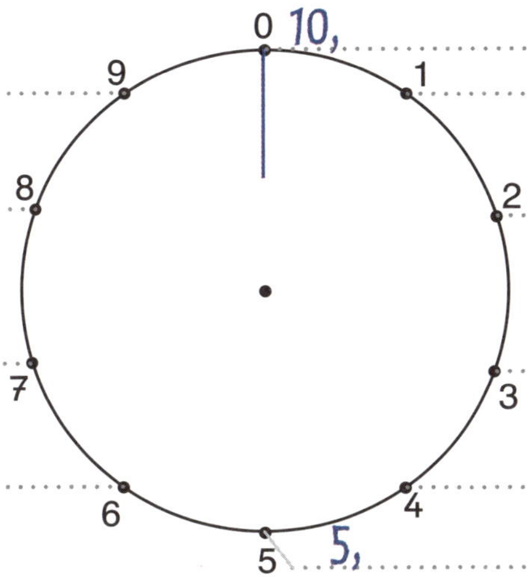

Mir fällt auf, dass ....

Die Fünferreihe

Lösung 5 Für jedes richtige Ergebnis gibt es 1 Punkt.

$1 \cdot 5 = 5$	$6 \cdot 5 = 30$
$2 \cdot 5 = 10$	$7 \cdot 5 = 35$
$3 \cdot 5 = 15$	$8 \cdot 5 = 40$
$4 \cdot 5 = 20$	$9 \cdot 5 = 45$
$5 \cdot 5 = 25$	$10 \cdot 5 = 50$

Lösung 6 Für das richtige Muster gibt es 2 Punkte und für jede richtig aufgeschriebene Zahl gibt es 1 Punkt.

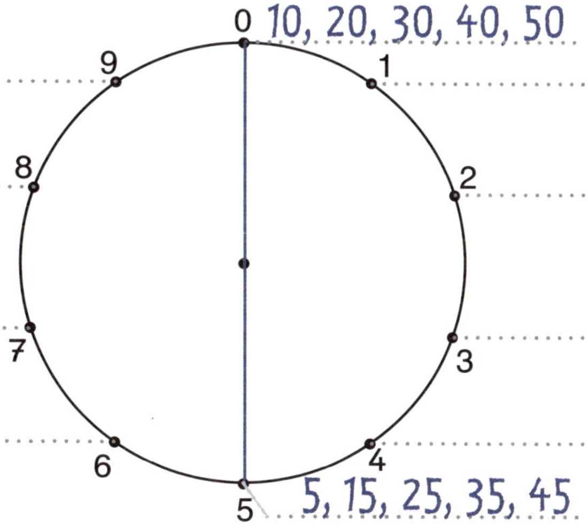

Mir fällt auf, dass bei den Zahlen der Fünferreihe an der Einerstelle immer 0 oder 5 steht.

Üben 5 ☐ Punkte   Üben 6 ☐ Punkte

Üben 7

Welche Zahlen gehören nicht zur Fünferreihe? Streiche durch. Begründe deine Entscheidung.

5	45	12	35	50	46	31	15	20	52

Die durchgestrichenen Kärtchen gehören nicht zur Fünferreihe, weil

....

....

Üben 8

Rechne.

$\_\_\_ \cdot 5 = 25$

$\_\_\_ \cdot 5 = 15$

$7 \cdot 5 = \_\_\_$

$45 : 5 = \_\_\_$

$\_\_\_ : 5 = 7$

$40 : 5 = \_\_\_$

$\_\_\_ : 5 = 6$

$\_\_\_ : 5 = 4$

$6 \cdot 5 + 2 = \_\_\_$

$9 \cdot 5 - 3 = \_\_\_$

$4 \cdot 5 + \_\_\_ = 24$

$3 \cdot 5 - \_\_\_ = 11$

$\_\_\_ \cdot 5 + 3 = 38$

$\_\_\_ \cdot 5 - 4 = 46$

$\_\_\_ : 5 + 12 = 19$

$\_\_\_ : 5 + 96 = 106$

Die Fünferreihe üben

Lösung 7 Für jede richtig durchgestrichene Zahl gibt es 1 Punkt.

5 | 45 | ~~12~~ | 35 | 50 | ~~46~~ | ~~31~~ | 15 | 20 | ~~52~~

Die durchgestrichenen Kärtchen gehören nicht zur Fünferreihe, weil sie in der Einerstelle keine 0 oder keine 5 haben.

Lösung 8 Für jede richtige Aufgabe gibt es 1 Punkt.

5 · 5 = 25	6 · 5 + 2 = 32
3 · 5 = 15	9 · 5 − 3 = 42
7 · 5 = 35	4 · 5 + 4 = 24
45 : 5 = 9	3 · 5 − 4 = 11
35 : 5 = 7	7 · 5 + 3 = 38
40 : 5 = 8	10 · 5 − 4 = 46
30 : 5 = 6	35 : 5 + 12 = 19
20 : 5 = 4	50 : 5 + 96 = 106

Üben 7 ___ Punkte

Üben 8 ___ Punkte

Üben 9 Kreise die Zahlen der Fünferreihe rot und die Zahlen der Zehnerreihe grün ein. Was fällt dir auf?

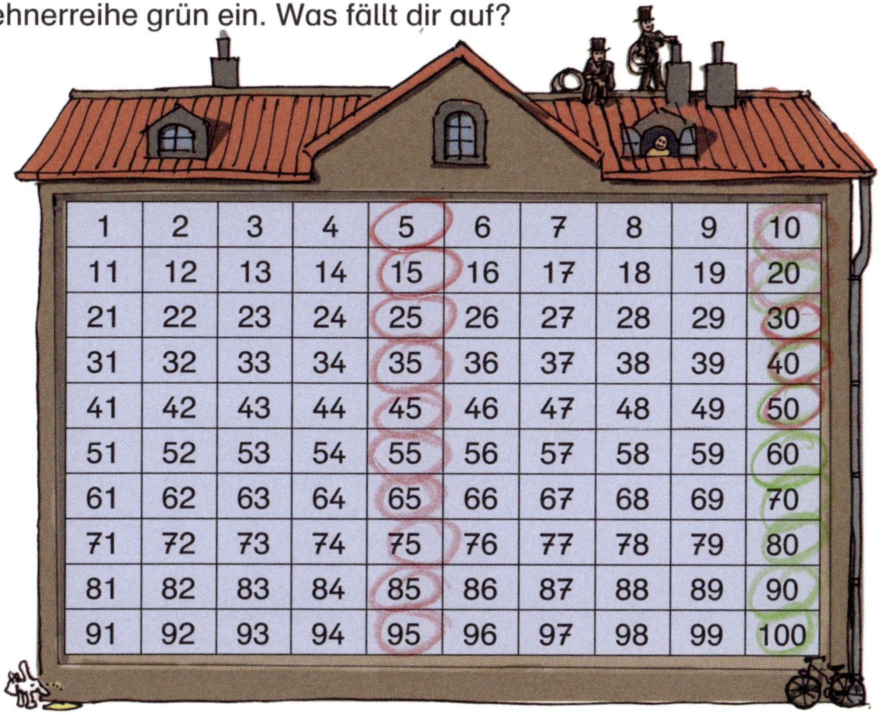

1	2	3	4	5	6	7	8	9	10
11	12	13	14	15	16	17	18	19	20
21	22	23	24	25	26	27	28	29	30
31	32	33	34	35	36	37	38	39	40
41	42	43	44	45	46	47	48	49	50
51	52	53	54	55	56	57	58	59	60
61	62	63	64	65	66	67	68	69	70
71	72	73	74	75	76	77	78	79	80
81	82	83	84	85	86	87	88	89	90
91	92	93	94	95	96	97	98	99	100

Mir fällt auf, dass ....

Üben 10 Rechne Aufgaben aus der Fünferreihe geschickt mit der Zehnerreihe.

14 · 5 = ... 18 · 5 = ... 12 · 5 = ...

...... · 10 = ... · 10 = ... · 10 = ...

10 · 5 = ... 16 · 5 = ... 22 · 5 = ...

....

Fünfer- und Zehnerreihe

Lösung 9 Für jede richtig eingekreiste Einmaleinsreihe gibt es 2 Punkte.

1	2	3	4	(5)	6	7	8	9	(10)
11	12	13	14	(15)	16	17	18	19	(20)
21	22	23	24	(25)	26	27	28	29	(30)
31	32	33	34	(35)	36	37	38	39	(40)
41	42	43	44	(45)	46	47	48	49	(50)
51	52	53	54	(55)	56	57	58	59	(60)
61	62	63	64	(65)	66	67	68	69	(70)
71	72	73	74	(75)	76	77	78	79	(80)
81	82	83	84	(85)	86	87	88	89	(90)
91	92	93	94	(95)	96	97	98	99	(100)

Mir fällt auf, dass alle Zehnerzahlen auch in der Fünferreihe vorkommen.

Lösung 10 Für jede richtige Aufgabe gibt es 1 Punkt.

$14 \cdot 5 = 70$
$7 \cdot 10 = 70$

$18 \cdot 5 = 90$
$9 \cdot 10 = 90$

$12 \cdot 5 = 60$
$6 \cdot 10 = 60$

$10 \cdot 5 = 50$
$5 \cdot 10 = 50$

$16 \cdot 5 = 80$
$8 \cdot 10 = 80$

$22 \cdot 5 = 110$
$11 \cdot 10 = 110$

Üben 9 ___ Punkte

Üben 10 ___ Punkte

Üben 11 Rechne und färbe die Einerstellen.

1 · 2 = ...	6 · 2 = ...
2 · 2 = ...	7 · 2 = ...
3 · 2 = ...	8 · 2 = ...
4 · 2 = ...	9 · 2 = ...
5 · 2 = ...	10 · 2 = ...

Üben 12 Zeichne das Muster der Zweierreihe. Verbinde dafür die Einerstellen, die du in Üben 11 bereits gefärbt hast, der Reihe nach. Beginne bei der Null. Schreibe die dazugehörenden Ergebnisse auf die Linie neben den Einerstellen. Was fällt dir auf?

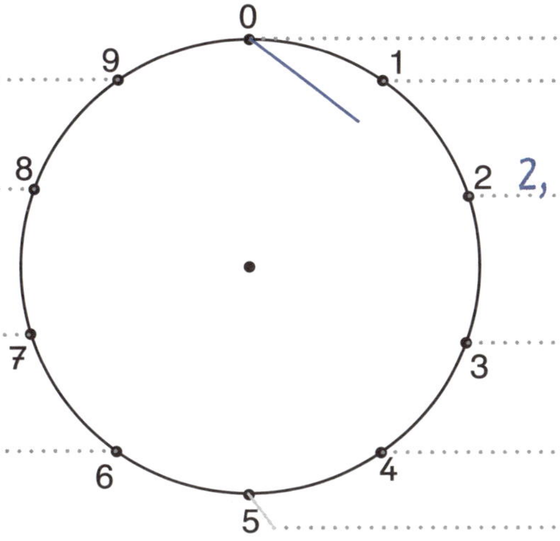

Mir fällt auf, dass ....

Die Zweierreihe

Lösung 11 Für jedes richtige Ergebnis gibt es 1 Punkt.

$1 \cdot 2 = 2$	$6 \cdot 2 = 12$
$2 \cdot 2 = 4$	$7 \cdot 2 = 14$
$3 \cdot 2 = 6$	$8 \cdot 2 = 16$
$4 \cdot 2 = 8$	$9 \cdot 2 = 18$
$5 \cdot 2 = 10$	$10 \cdot 2 = 20$

Lösung 12 Für das richtige Muster gibt es 2 Punkte und für jede richtig aufgeschriebene Zahl gibt es 1 Punkt.

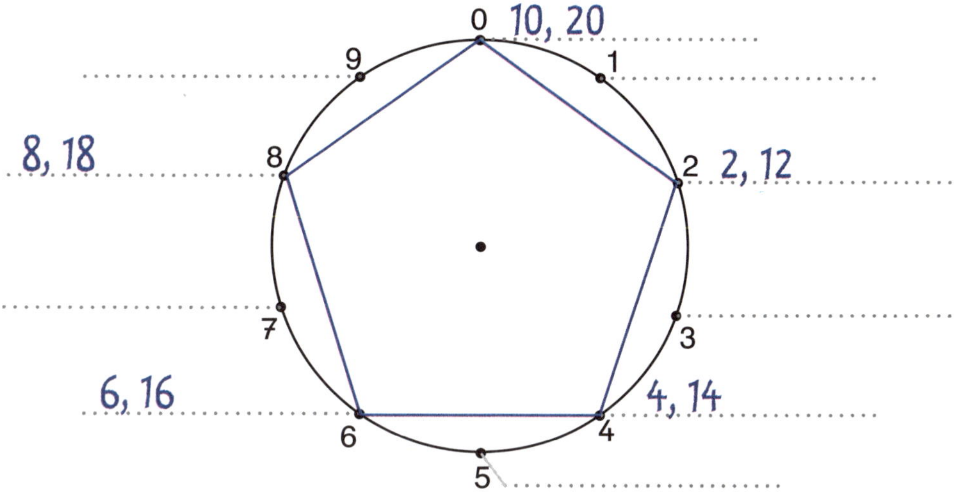

Mir fällt auf, dass bei den Zahlen der Zweierreihe immer gerade Zahlen (0, 2, 4, 6, 8) stehen.

Üben 11 ___ Punkte   Üben 12 ___ Punkte

Üben 13 Überprüfe, ob „richtig“ (r) oder „falsch“ (f).

$7 \cdot 2 < 15$	r	$6 \cdot 2 + 17 = 39$		$8 \cdot 2 > 16$	
$8 \cdot 2 + 37 < 55$		$4 \cdot 2 = 10$		$7 \cdot 2 - 5 > 9$	
$9 \cdot 2 = 18$		$9 \cdot 2 + 45 = 63$		$6 \cdot 2 > 11$	
$10 \cdot 2 - 1 = 21$		$5 \cdot 2 = 10$		$3 \cdot 2 + 26 < 42$	

Üben 14 Löse die Zahlenrätsel.

Wenn ich zum Doppelten meiner Zahl 127 addiere, erhalte ich das Ergebnis 145.

....

Meine Zahl heißt: ......

Wenn ich von meiner Zahl 243 subtrahiere, erhalte ich das Doppelte von 9.

....

Meine Zahl heißt: ......

Die Zweierreihe üben

Lösung 13

Für jeden richtigen Buchstaben gibt es 1 Punkt.

$7 \cdot 2 < 15$	(r)	$6 \cdot 2 + 17 = 39$	(f)	$8 \cdot 2 > 16$	(f)
$8 \cdot 2 + 37 < 55$	(r)	$4 \cdot 2 = 10$	(f)	$7 \cdot 2 - 5 > 9$	(f)
$9 \cdot 2 = 18$	(r)	$9 \cdot 2 + 45 = 63$	(r)	$6 \cdot 2 > 11$	(r)
$10 \cdot 2 - 1 = 21$	(f)	$5 \cdot 2 = 10$	(r)	$3 \cdot 2 + 26 < 42$	(r)

Lösung 14

Für jedes richtige Zahlenrätsel gibt es 2 Punkte.

Wenn ich zum Doppelten meiner Zahl 127
addiere, erhalte ich das Ergebnis 145.

☐ $\cdot 2 + 127 = 145$ $145 - 127 = 18$ $18 : 2 = 9$

Meine Zahl heißt: 9

Wenn ich von meiner Zahl 243 subtrahiere,
erhalte ich das Doppelte von 9.

☐ $- 243 = 9 \cdot 2$ $9 \cdot 2 = 18$ $243 + 18 = 261$

Meine Zahl heißt: 261

Üben 13 ☐ Punkte Üben 14 ☐ Punkte

Üben 15 Rechne und färbe die Einerstellen.

1 · 4 = ...	6 · 4 = ...
2 · 4 = ...	7 · 4 = ...
3 · 4 = ...	8 · 4 = ...
4 · 4 = ...	9 · 4 = ...
5 · 4 = ...	10 · 4 = ...

Üben 16 Zeichne das Muster der Viererreihe. Verbinde dafür die Einerstellen, die du in Üben 15 bereits gefärbt hast, der Reihe nach. Beginne bei der Null. Schreibe die dazugehörenden Ergebnisse auf die Linie neben den Einerstellen.

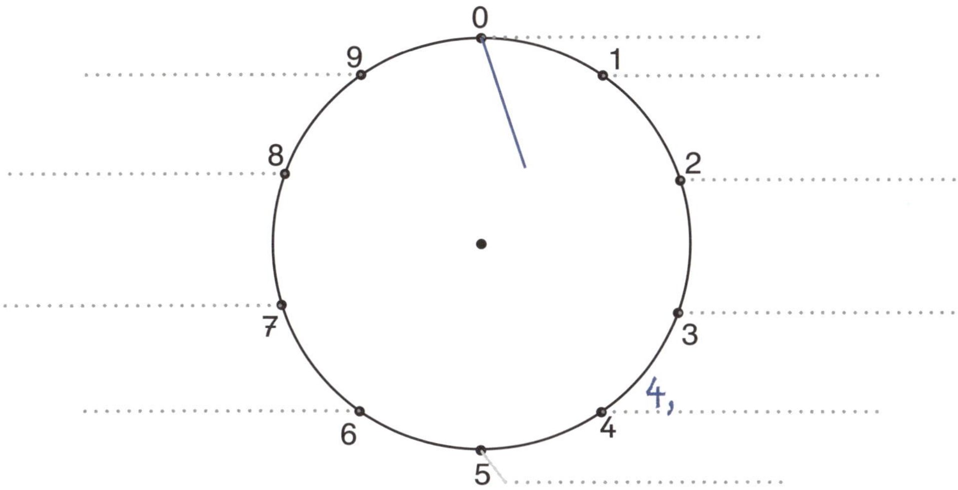

Die Viererreihe

Lösung 15 Für jedes richtige Ergebnis gibt es 1 Punkt.

1 · 4 = 4	6 · 4 = 24
2 · 4 = 8	7 · 4 = 28
3 · 4 = 12	8 · 4 = 32
4 · 4 = 16	9 · 4 = 36
5 · 4 = 20	10 · 4 = 40

Lösung 16 Für das richtige Muster gibt es 2 Punkte und für jede richtig aufgeschriebene Zahl gibt es 1 Punkt.

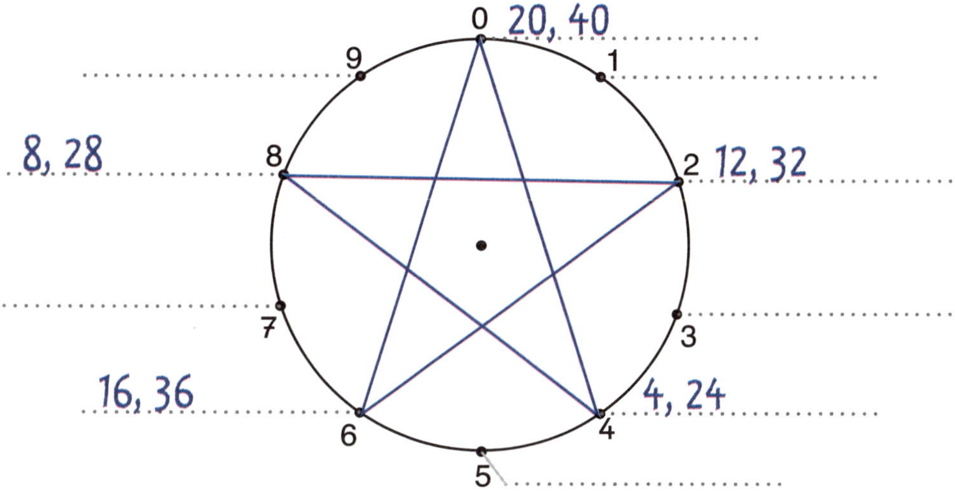

Üben 17 Immer „mal 4“. Ergänze.

Üben 18 Verbinde die Kärtchen mit gleichem Ergebnis.

3 · 4 + ..8... = 20	9 · 4 + 30 = .7....
9 · 4 – ..0.. = 36	3 · 4 + 15 = ...
5 · 4 + 125 = .145	10 · 4 – 20 = .20.
...... · 4 – 13 = 27	0 · 4 + 36 = .36.
.7.... · 4 + 42 = 66	20 · 4 + 65 = .145

Die Viererreihe üben

Lösung 17 Für jede richtige Zahl gibt es 1 Punkt.

Lösung 18 Für jede richtige Aufgabe gibt es 1 Punkt.

$3 \cdot 4 + 8 = 20$	$9 \cdot 4 + 30 = 66$
$9 \cdot 4 - 0 = 36$	$3 \cdot 4 + 15 = 27$
$5 \cdot 4 + 125 = 145$	$10 \cdot 4 - 20 = 20$
$10 \cdot 4 - 13 = 27$	$0 \cdot 4 + 36 = 36$
$6 \cdot 4 + 42 = 66$	$20 \cdot 4 + 65 = 145$

Üben 19 Rechne und färbe die Einerstellen.

1 · 8 = 8	6 · 8 = 48
2 · 8 = 16	7 · 8 = 56
3 · 8 = 24	8 · 8 = 64
4 · 8 = 32	9 · 8 = 72
5 · 8 = 40	10 · 8 = 80

Üben 20 Zeichne das Muster der Achterreihe. Verbinde dafür die Einerstellen, die du in Üben 19 bereits gefärbt hast, der Reihe nach. Beginne bei der Null. Schreibe die dazugehörenden Ergebnisse auf die Linie neben den Einerstellen.

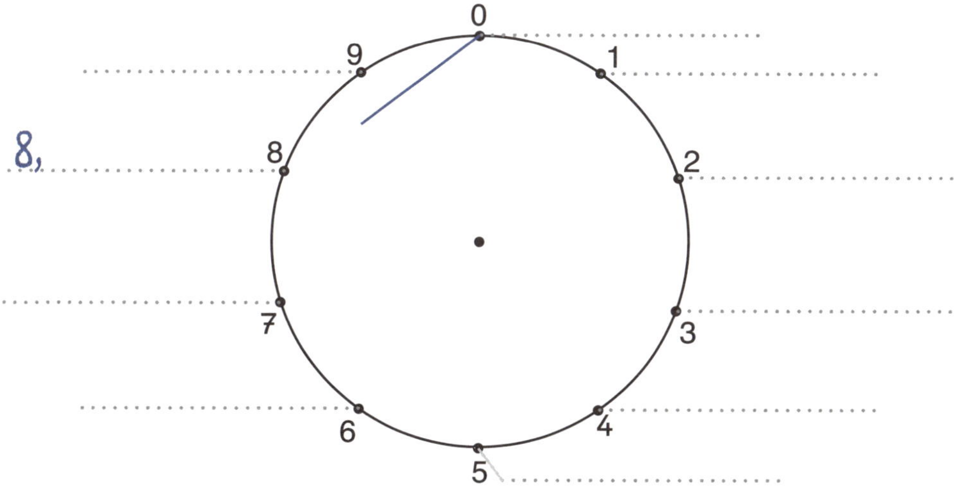

Die Achterreihe

Lösung 19 Für jedes richtige Ergebnis gibt es 1 Punkt.

$1 \cdot 8 = 8$	$6 \cdot 8 = 48$
$2 \cdot 8 = 16$	$7 \cdot 8 = 56$
$3 \cdot 8 = 24$	$8 \cdot 8 = 64$
$4 \cdot 8 = 32$	$9 \cdot 8 = 72$
$5 \cdot 8 = 40$	$10 \cdot 8 = 80$

Lösung 20 Für das richtige Muster gibt es 2 Punkte und für jede richtig aufgeschriebene Zahl gibt es 1 Punkt.

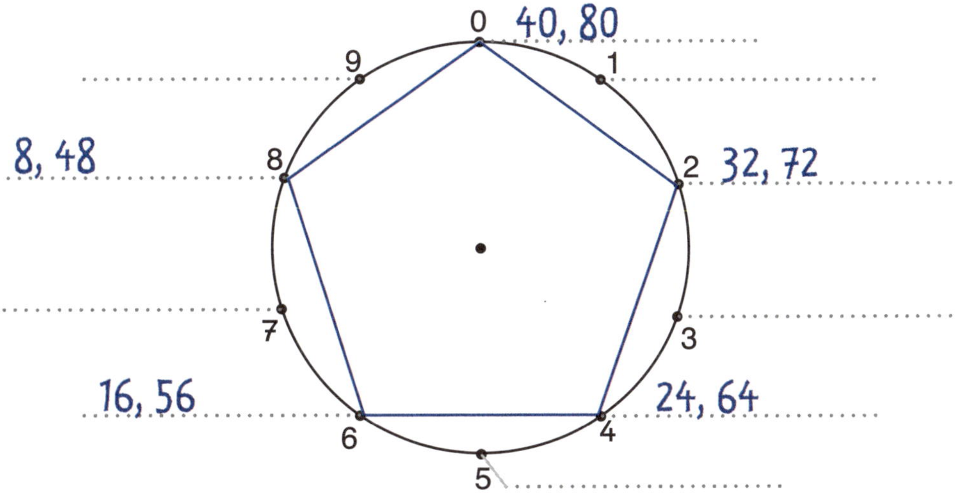

Üben 21 Immer „mal 8“. Ergänze die Rechenräder.

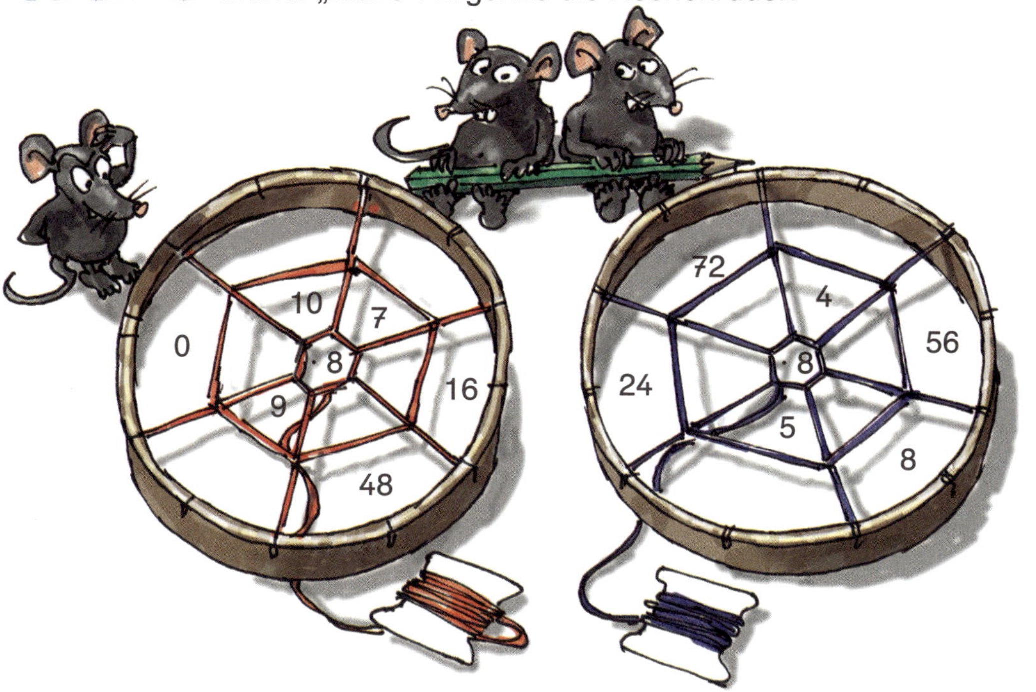

Üben 22 Kennst du Annikas Zahl? Löse das Zahlenrätsel.

Die Zahl heißt: ......

Die Achterreihe üben

Lösung 21 Für jede richtige Zahl gibt es 1 Punkt.

Lösung 22 Für die richtige Lösung des Zahlenrätsels gibt es 1 Punkt.

$4 \cdot 8 + 6 \cdot 8 = 32 + 48 = 80$

Die Zahl heißt: 80

Üben 23 Kreise die Zahlen der Zweierreihe bis 80 rot, der Viererreihe bis 80 gelb und der Achterreihe grün ein.

1	2	3	4	5	6	7	8	9	10
11	12	13	14	15	16	17	18	19	20
21	22	23	24	25	26	27	28	29	30
31	32	33	34	35	36	37	38	39	40
41	42	43	44	45	46	47	48	49	50
51	52	53	54	55	56	57	58	59	60
61	62	63	64	65	66	67	68	69	70
71	72	73	74	75	76	77	78	79	80

Üben 24 Rechne.

·	2	4	8
2			
7			
9			

·	8		2
	16		
5		20	
		24	

Zweier-, Vierer- und Achterreihe

Lösung 23 Für jede richtig eingekreiste Einmaleinsreihe gibt es 2 Punkte.

1	2	3	4	5	6	7	8	9	10
11	12	13	14	15	16	17	18	19	20
21	22	23	24	25	26	27	28	29	30
31	32	33	34	35	36	37	38	39	40
41	42	43	44	45	46	47	48	49	50
51	52	53	54	55	56	57	58	59	60
61	62	63	64	65	66	67	68	69	70
71	72	73	74	75	76	77	78	79	80

Lösung 24 Für jede richtig eingetragene Zahl gibt es 1 Punkt.

·	2	4	8
2	4	8	16
7	14	28	56
9	18	36	72

·	8	4	2
2	16	8	4
5	40	20	10
6	48	24	12

Üben 23 Punkte

Üben 24 Punkte

Üben 25 Ergänze die Aufgaben.

Üben 26 Setze in die Kreise ein: <, > oder =.

6 · 4 + 12 ◯ 12 + 3 · 8

8 · 4 + 2 · 2 ◯ 9 · 8 – 36

9 · 8 – 27 ◯ 10 · 4 + 15

7 · 8 – 17 ◯ 3 · 4 + 26

Zweier-, Vierer- und Achterreihe

Lösung 25 Für jede richtige Zahl gibt es 1 Punkt.

Lösung 26 Für jedes richtige Zeichen gibt es 1 Punkt.

$6 \cdot 4 + 12 = 12 + 3 \cdot 8$

$9 \cdot 8 - 27 < 10 \cdot 4 + 15$

$8 \cdot 4 + 2 \cdot 2 = 9 \cdot 8 - 36$

$7 \cdot 8 - 17 > 3 \cdot 4 + 26$

Üben 27 Rechne und färbe die Einerstellen.

1 · 3 = ...

2 · 3 = ...

3 · 3 = ...

4 · 3 = ...

5 · 3 = ...

6 · 3 = ...

7 · 3 = ...

8 · 3 = ...

9 · 3 = ...

10 · 3 = ...

Üben 28 Zeichne das Muster der Dreierreihe. Verbinde dafür die Einerstellen, die du in Üben 27 bereits gefärbt hast, der Reihe nach. Beginne bei der Null. Schreibe die dazugehörenden Ergebnisse auf die Linie neben den Einerstellen.

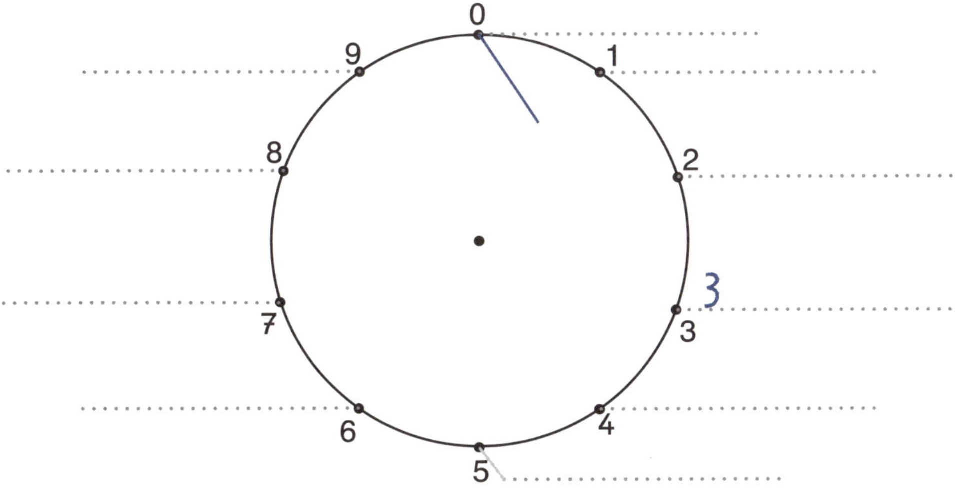

Die Dreierreihe

Lösung 27 Für jedes richtige Ergebnis gibt es 1 Punkt.

$1 \cdot 3 = 3$ $6 \cdot 3 = 18$

$2 \cdot 3 = 6$ $7 \cdot 3 = 21$

$3 \cdot 3 = 9$ $8 \cdot 3 = 24$

$4 \cdot 3 = 12$ $9 \cdot 3 = 27$

$5 \cdot 3 = 15$ $10 \cdot 3 = 30$

Lösung 28 Für das richtige Muster gibt es 2 Punkte und für jede richtig aufgeschriebene Zahl gibt es 1 Punkt.

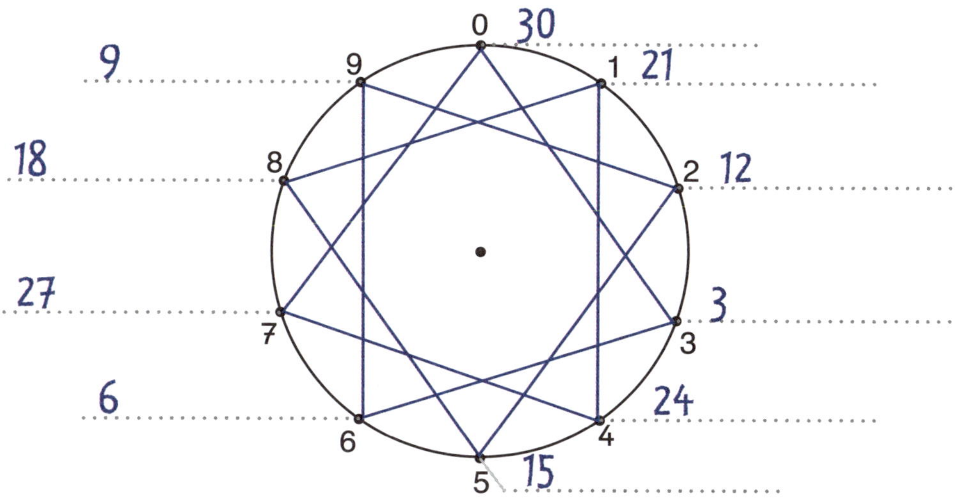

Üben 27 Punkte Üben 28 Punkte

Üben 29 Schreibe Aufgabenfamilien mit „mal“ und „geteilt“.

Eine Zahl fehlt bei jeder Familie. Ergänze die fehlende Zahl zuerst.

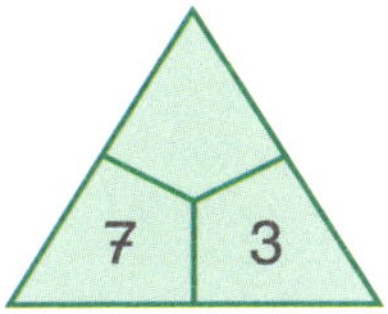

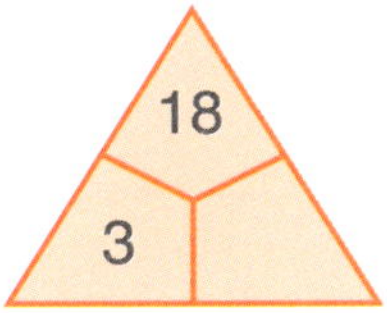

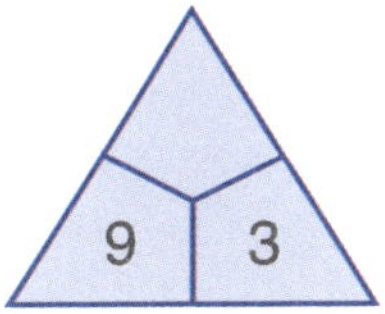

.... · .... = ...

.... · .... = ...

.... : .... = ...

.... : .... = ...

Üben 30 Rechne und umrande mit der passenden Farbe.

$9 \cdot 3 + 38 + 10 \cdot 3$

$113 - 6 \cdot 3$

95

$6 \cdot 3 - 27 : 3 + 86$

105

$4 \cdot 3 + 103$

$126 - 7 \cdot 3$

115

$81 + 8 \cdot 3$

$96 - 24 : 3 + 9 \cdot 3$

$130 - 5 \cdot 3$

Die Dreierreihe üben

Lösung 29 Für jede richtige Aufgabe gibt es 1 Punkt.

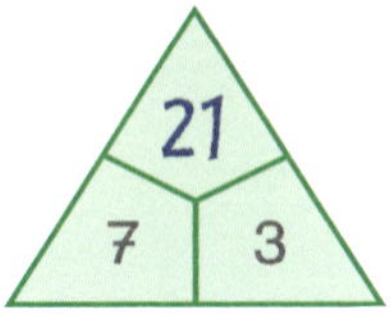

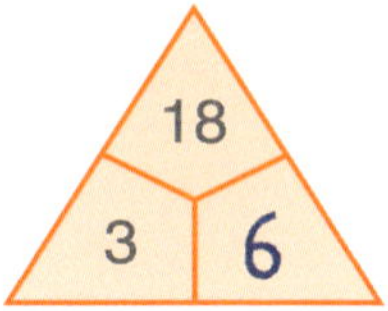

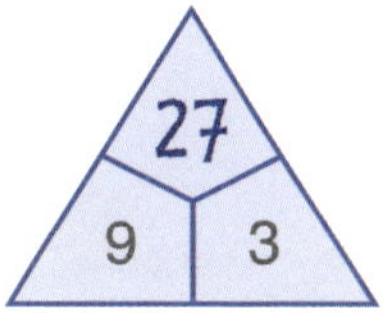

$7 \cdot 3 = 21$	$6 \cdot 3 = 18$	$9 \cdot 3 = 27$
$3 \cdot 7 = 21$	$3 \cdot 6 = 18$	$3 \cdot 9 = 27$
$21 : 3 = 7$	$18 : 3 = 6$	$27 : 3 = 9$
$21 : 7 = 3$	$18 : 6 = 3$	$27 : 9 = 3$

Lösung 30 Für jedes in der richtigen Farbe umrandete Kärtchen gibt es 1 Punkt.

95 105 115

$9 \cdot 3 + 38 + 10 \cdot 3$

$113 - 6 \cdot 3$

$6 \cdot 3 - 27 : 3 + 86$

$4 \cdot 3 + 103$

$126 - 7 \cdot 3$

$81 + 8 \cdot 3$

$96 - 24 : 3 + 9 \cdot 3$

$130 - 5 \cdot 3$

Üben 31 Rechne und färbe die Einerstellen.

1 · 6 = ...

2 · 6 = ...

3 · 6 = ...

4 · 6 = ...

5 · 6 = ...

6 · 6 = ...

7 · 6 = ...

8 · 6 = ...

9 · 6 = ...

10 · 6 = ...

Üben 32 Zeichne das Muster der Sechserreihe. Verbinde dafür die Einerstellen, die du in Üben 31 bereits gefärbt hast, der Reihe nach. Beginne bei der Null. Schreibe die dazugehörenden Ergebnisse auf die Linie neben den Einerstellen.

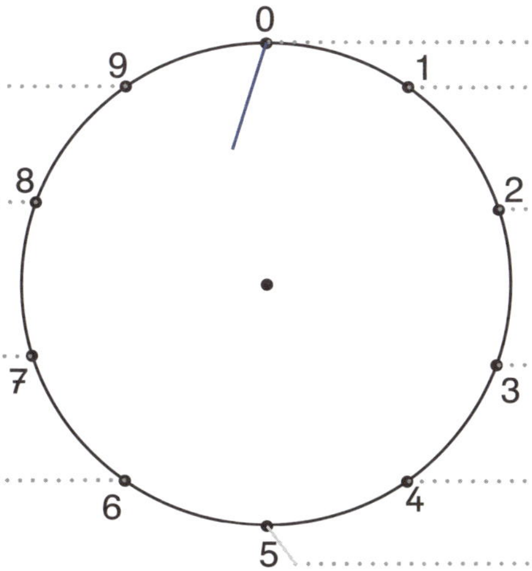

Die Sechserreihe

Lösung 31 Für jedes richtige Ergebnis gibt es 1 Punkt.

1 · 6 = 6	6 · 6 = 36
2 · 6 = 12	7 · 6 = 42
3 · 6 = 18	8 · 6 = 48
4 · 6 = 24	9 · 6 = 54
5 · 6 = 30	10 · 6 = 60

Lösung 32 Für das richtige Muster gibt es 2 Punkte und für jede richtig aufgeschriebene Zahl gibt es 1 Punkt.

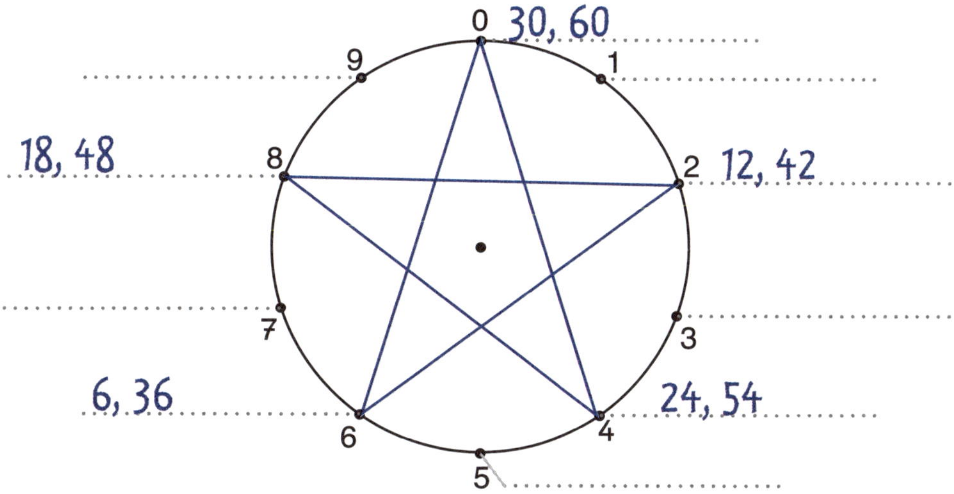

Üben 31 Punkte

Üben 32 Punkte

Üben 33 Ergänze.

· 6	
3	
7	
5	
2	
4	

: 6	
18	
6	
24	
36	
54	

· 6	
0	
	24
10	
	42
	30

Üben 34 Rechne und verbinde mit Linien.

57 : 6

15 : 6

45 : 6

61 : 6

41 : 6

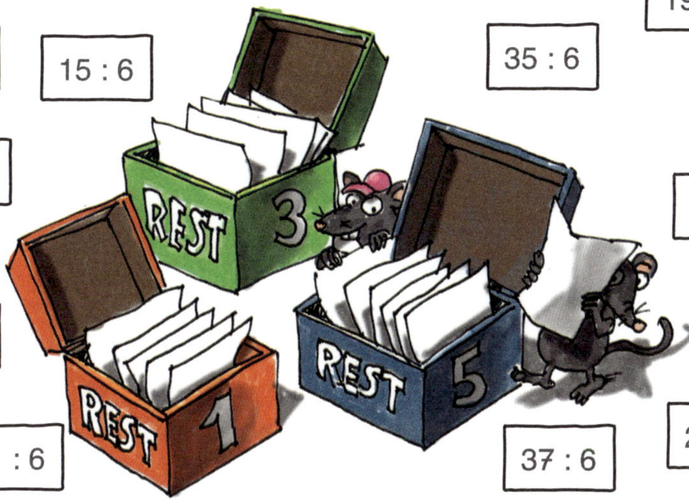

19 : 6

35 : 6

47 : 6

43 : 6

21 : 6

29 : 6

37 : 6

Die Sechserreihe üben

Lösung 33

Für jede richtige Zahl gibt es 1 Punkt.

· 6

3	18
7	42
5	30
2	12
4	24

: 6

18	3
6	1
24	4
36	6
54	9

· 6

0	0
4	24
10	60
7	42
5	30

Lösung 34

Für jede richtige Verbindungslinie gibt es 1 Punkt.

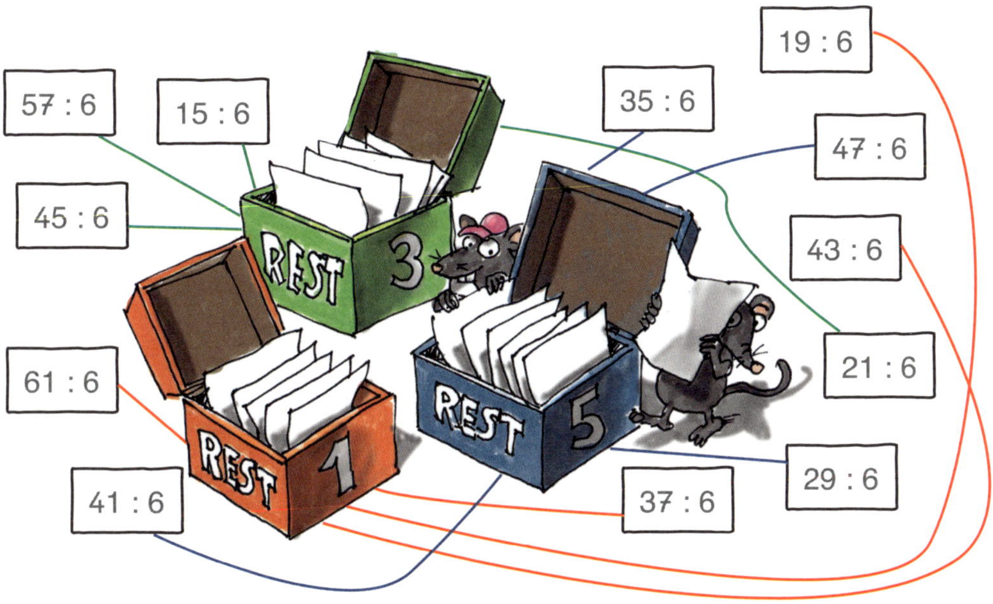

Üben 35 Rechne und färbe die Einerstellen.

1 · 9 = ...

2 · 9 = ...

3 · 9 = ...

4 · 9 = ...

5 · 9 = ...

6 · 9 = ...

7 · 9 = ...

8 · 9 = ...

9 · 9 = ...

10 · 9 = ...

Üben 36 Zeichne das Muster der Neunerreihe. Verbinde dafür die Einerstellen, die du in Üben 35 bereits gefärbt hast, der Reihe nach. Beginne bei der Null. Schreibe die dazugehörenden Ergebnisse auf die Linie neben den Einerstellen.

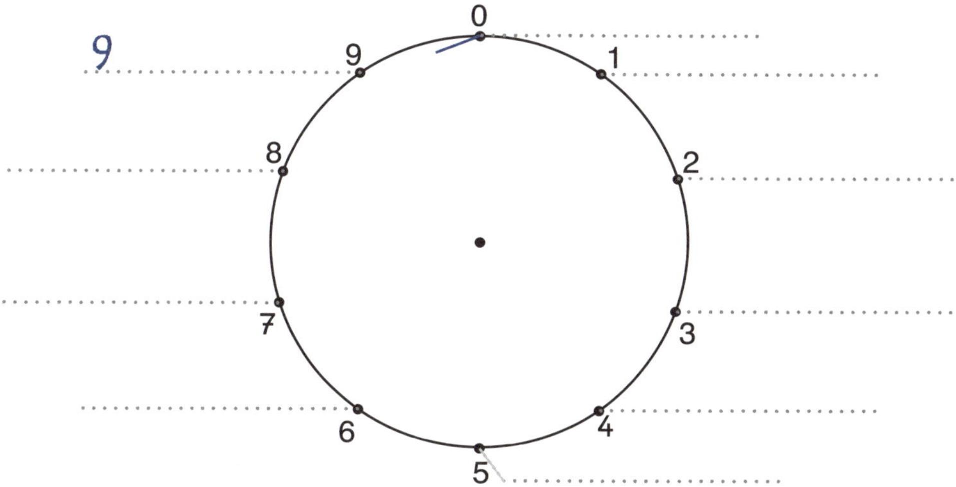

Die Neunerreihe

Lösung 35 Für jedes richtige Ergebnis gibt es 1 Punkt.

1 · 9 = 9	6 · 9 = 54
2 · 9 = 18	7 · 9 = 63
3 · 9 = 27	8 · 9 = 72
4 · 9 = 36	9 · 9 = 81
5 · 9 = 45	10 · 9 = 90

Lösung 36 Für das richtige Muster gibt es 2 Punkte und für jede richtig aufgeschriebene Zahl gibt es 1 Punkt.

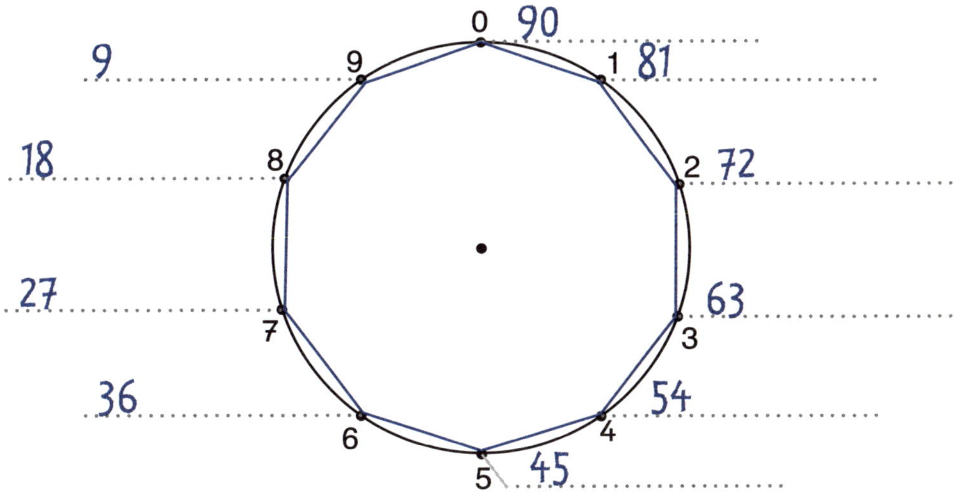

Üben 35 Punkte Üben 36 Punkte

Üben 37 Rechne und kontrolliere (✓) mit der Probeaufgabe.

72 : 9 = ... , denn ...... · 9 = ... ☐

54 : 9 = ... , denn .... ☐

36 : 9 = ... ☐

23 : 9 = ... R ...... , denn ...... · ...... + ... = ... ☐

97 : 9 = ... ☐

85 : 9 = ... ☐

74 : 9 = ... ☐

89 : 9 = ... ☐

Üben 38 Zerlege mithilfe der Neunerreihe so, dass alle Zahlen im grünen Kästchen kleiner als 9 sind.

64 = ... · ...... − ☐

47 = ... · ...... + ☐

32 = ... · ...... − ☐

22 = ... · ...... + ☐

53 = ... · ...... − ☐

78 = ... · ...... + ☐

Die Neunerreihe üben

Lösung 37 Für jede richtige Aufgabe gibt es 1 Punkt.

72 : 9 = 8, denn 8 · 9 = 72

54 : 9 = 6, denn 6 · 9 = 54

36 : 9 = 4, denn 4 · 9 = 36

23 : 9 = 2 R 5, denn 2 · 9 + 5 = 23

97 : 9 = 10 R 7, denn 10 · 9 + 7 = 97

85 : 9 = 9 R 4, denn 9 · 9 + 4 = 85

74 : 9 = 8 R 2, denn 8 · 9 + 2 = 74

89 : 9 = 9 R 8, denn 9 · 9 + 8 = 89

Lösung 38 Für jede richtige Aufgabe gibt es 1 Punkt.

64 = 8 · 9 − 8	22 = 2 · 9 + 4
47 = 5 · 9 + 2	53 = 6 · 9 − 1
32 = 4 · 9 − 4	78 = 8 · 9 + 6

Üben 37 ___ Punkte   Üben 38 ___ Punkte

Üben 39

Kreise alle Zahlen bis 90 ein: die Dreierreihe rot, die Sechserreihe gelb und die Neunerreihe grün.

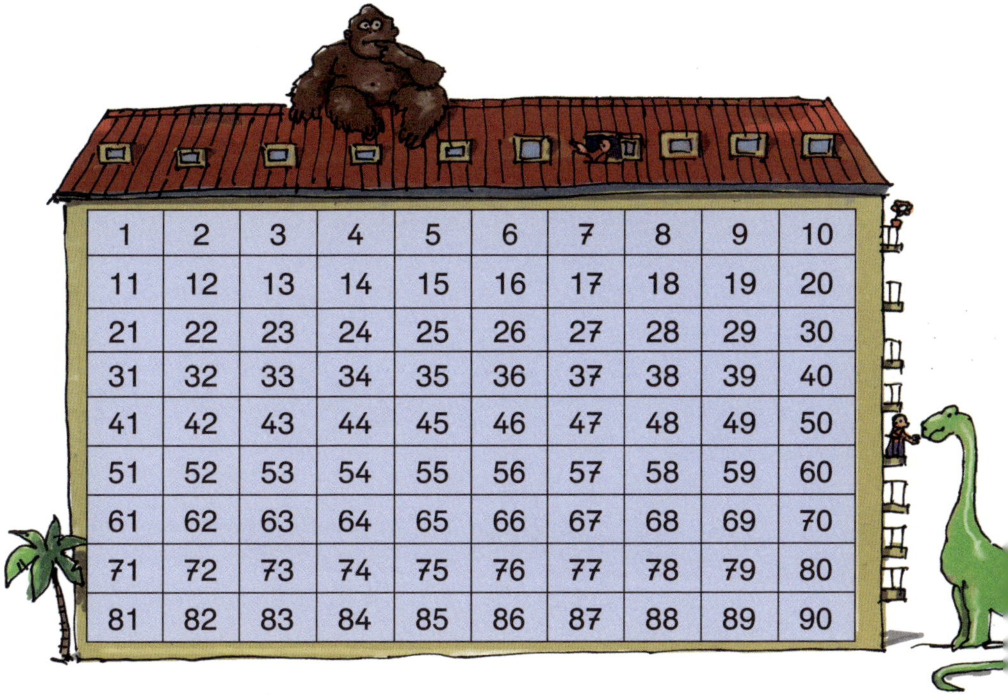

1	2	3	4	5	6	7	8	9	10
11	12	13	14	15	16	17	18	19	20
21	22	23	24	25	26	27	28	29	30
31	32	33	34	35	36	37	38	39	40
41	42	43	44	45	46	47	48	49	50
51	52	53	54	55	56	57	58	59	60
61	62	63	64	65	66	67	68	69	70
71	72	73	74	75	76	77	78	79	80
81	82	83	84	85	86	87	88	89	90

Üben 40

Rechne.

·	3	6	9
8			
5			
3			

·	9	3	
	63		
4			24
		27	

Dreier-, Sechser- und Neunerreihe

Lösung 39 Für jede richtig eingekreiste Einmaleinsreihe gibt es 2 Punkte.

1	2	3	4	5	6	7	8	9	10
11	12	13	14	15	16	17	18	19	20
21	22	23	24	25	26	27	28	29	30
31	32	33	34	35	36	37	38	39	40
41	42	43	44	45	46	47	48	49	50
51	52	53	54	55	56	57	58	59	60
61	62	63	64	65	66	67	68	69	70
71	72	73	74	75	76	77	78	79	80
81	82	83	84	85	86	87	88	89	90

Lösung 40 Für jede richtige Zahl gibt es 1 Punkt.

·	3	6	9
8	24	48	72
5	15	30	45
3	9	18	27

·	9	3	6
7	63	21	42
4	36	12	24
9	81	27	54

Üben 41 Ergänze die fehlenden Zahlen.

Einmaleinsreihen

Dreier-, Sechser- und Neunerreihe

Dreier-, Sechser- und Neunerreihe

Lösung 41 Für jeden richtigen Luftballon gibt es 2 Punkte.

Üben 41 Punkte

Üben 42 Rechne und färbe die Einerstellen.

1 · 7 = ...
2 · 7 = ...
3 · 7 = ...
4 · 7 = ...
5 · 7 = ...

6 · 7 = ...
7 · 7 = ...
8 · 7 = ...
9 · 7 = ...
10 · 7 = ...

Üben 43 Zeichne das Muster der Siebenerreihe. Verbinde dafür die Einerstellen, die du in Üben 42 bereits gefärbt hast, der Reihe nach. Beginne bei der Null. Schreibe die dazugehörenden Ergebnisse auf die Linie neben den Einerstellen.

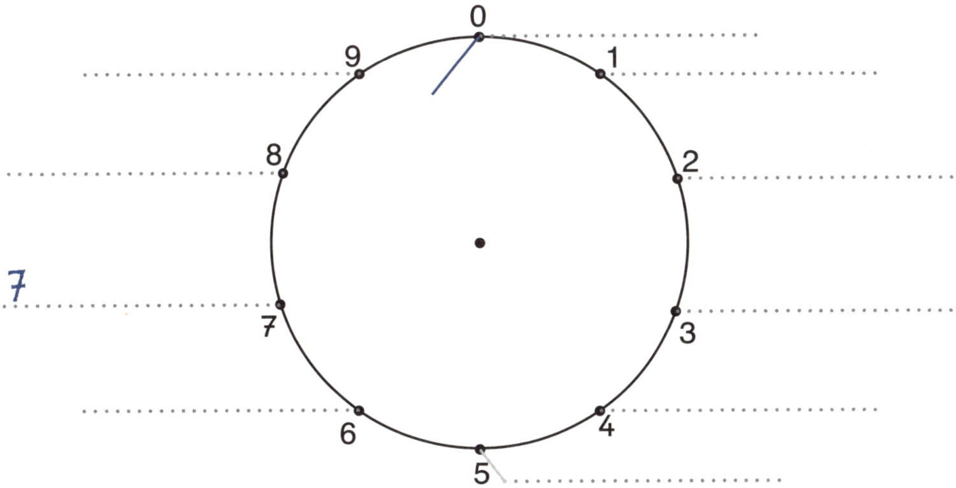

Die Siebenerreihe

Lösung 42 Für jedes richtige Ergebnis gibt es 1 Punkt.

1 · 7 = 7	6 · 7 = 42
2 · 7 = 14	7 · 7 = 49
3 · 7 = 21	8 · 7 = 56
4 · 7 = 28	9 · 7 = 63
5 · 7 = 35	10 · 7 = 70

Lösung 43 Für das richtige Muster gibt es 2 Punkte und für jede richtig aufgeschriebene Zahl gibt es 1 Punkt.

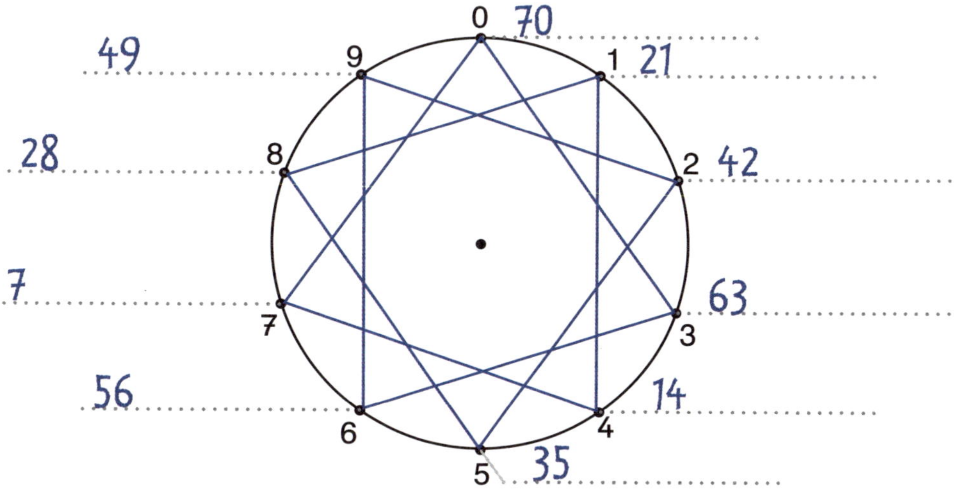

Üben 44 Streiche die Zahlen durch, die nicht durch 7 teilbar sind.

Üben 45 Immer „mal 7“. Ergänze die Rechenräder.

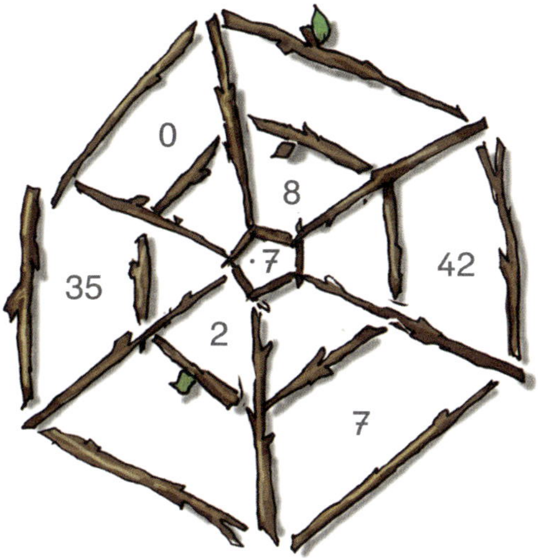

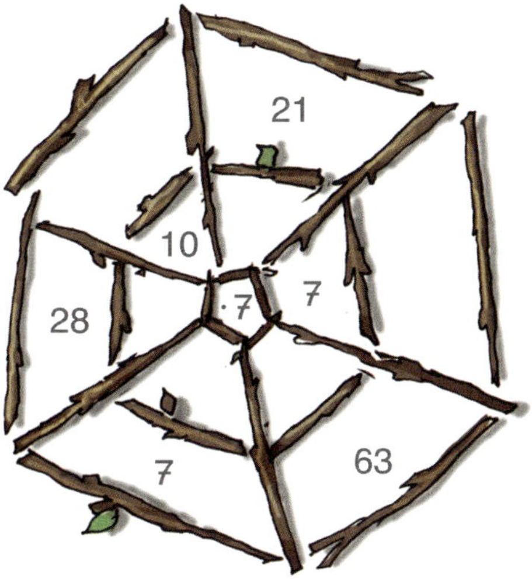

Die Siebenerreihe üben

Lösung 44 Für jede richtig durchgestrichene Zahl gibt es 1 Punkt.

Lösung 45 Für jede richtige Zahl gibt es 1 Punkt.

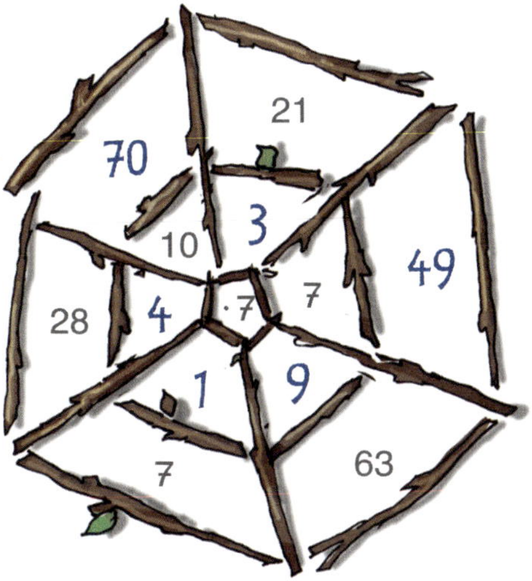

Üben 44 Punkte

Üben 45 Punkte

Üben 46 Rechne. Was fällt dir auf?

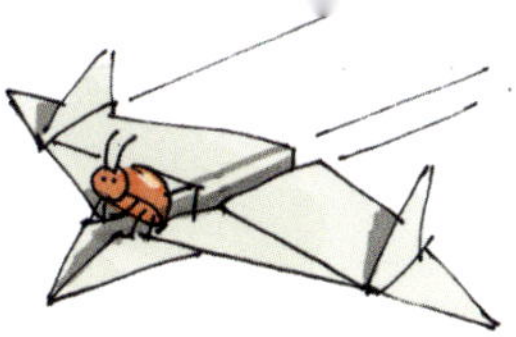

3 · 1 = ...   5 · 1 = ...   8 · 1 = ...

3 · 10 = ...   5 · 10 = ...   8 · 10 = ...

3 · 100 = ...   5 · 100 = ...   8 · 100 = ...

Mir fällt auf, dass ....

....

Üben 47 Trage in die Stellenwerttafel ein und rechne.

47 · 10 = ...

H	Z	E
	4	7

· 10

58 · 10 = ...

H	Z	E

· 10

26 · 10 = ...

H	Z	E

· 10

79 · 10 = ...

H	Z	E

· 10

Vielfache von 10

Lösung 46 Für jedes richtige Ergebnis gibt es 1 Punkt.

3 · 1 = 3	5 · 1 = 5	8 · 1 = 8
3 · 10 = 30	5 · 10 = 50	8 · 10 = 80
3 · 100 = 300	5 · 100 = 500	8 · 100 = 800

Mir fällt auf, dass ich bei einer Zahl „mal 10“ nur eine Null und bei „mal 100“ zwei Nullen an die Zahl anhängen muss.

Lösung 47 Für jede richtige Stellenwerttafel und für jede richtige Aufgabe gibt es 1 Punkt.

47 · 10 = 470

H	Z	E
	4	7
4	7	0

· 10

58 · 10 = 580

H	Z	E
	5	8
5	8	0

· 10

26 · 10 = 260

H	Z	E
	2	6
2	6	0

· 10

79 · 10 = 790

H	Z	E
	7	9
7	9	0

· 10

Üben 48 Rechne.

·	8	80
3		
5		
7		

·	7	70
	28	
9		
		420

Üben 49 Ergänze.

120
4 · ......
...... · 3
30 · ......
...... · 30
...... · 60
60 · ......
...... · 20

420
...... · 6
60 · ......
70 · ......
...... · 60

200
...... · 50
5 · ......
1 · ......
...... · 4
...... · 10
200 · ......
40 · ......

270
...... · 90
30 · ......
...... · 3
9 · ......

Vielfache von 10

Lösung 48

Für jede richtige Zahl gibt es 1 Punkt.

·	8	80
3	24	240
5	40	400
7	56	560

·	7	70
4	28	280
9	63	630
6	42	420

Lösung 49

Für jede richtige Zahl gibt es 1 Punkt.

120
4 · 30
40 · 3
30 · 4
4 · 30
2 · 60
60 · 2
6 · 20

420
70 · 6
60 · 7
70 · 6
7 · 60

200
4 · 50
5 · 40
1 · 200
50 · 4
20 · 10
200 · 1
40 · 5

270
3 · 90
30 · 9
90 · 3
9 · 30

Üben 48 Punkte Üben 49 Punkte

Üben 50 Male, schreibe und rechne.

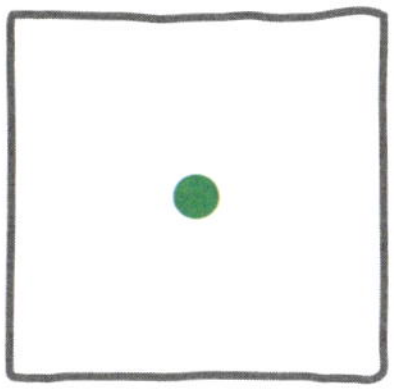

1 · 1 = ...

2 · 2 = ...

3 · 3 = ...

4 · 4 = ...

5 · 5 = ...

6 · 6 = ...

7 · 7 = ...

8 · 8 = ...

9 · 9 = ...

10 · 10 = ...

Quadratzahlen

Lösung 50 Für jedes richtige Punktebild und für jede richtige Aufgabe gibt es 1 Punkt.

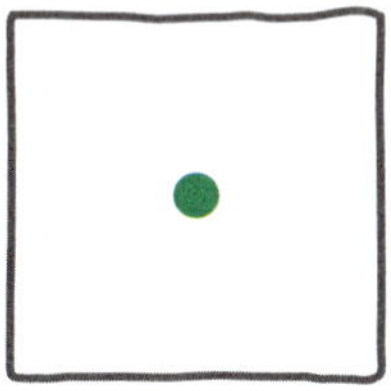

$1 \cdot 1 = 1$

$2 \cdot 2 = 4$

$3 \cdot 3 = 9$

$4 \cdot 4 = 16$

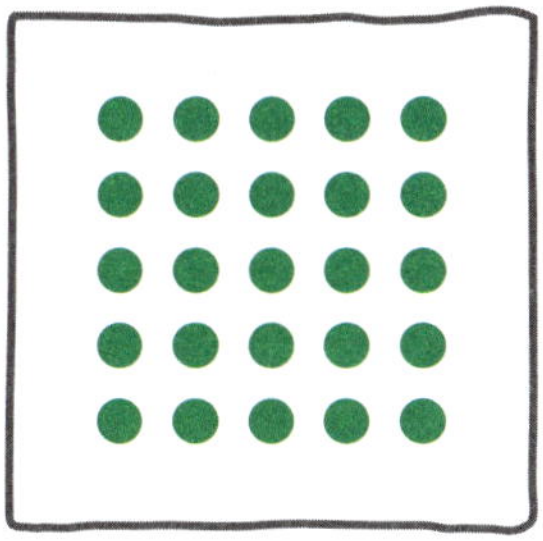

$5 \cdot 5 = 25$

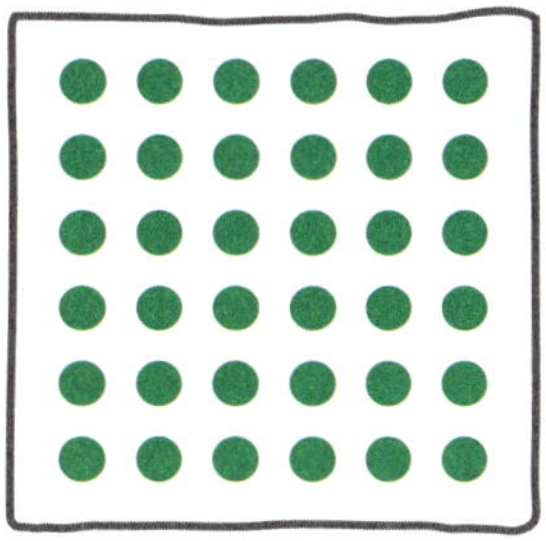

$6 \cdot 6 = 36$

$7 \cdot 7 = 49$

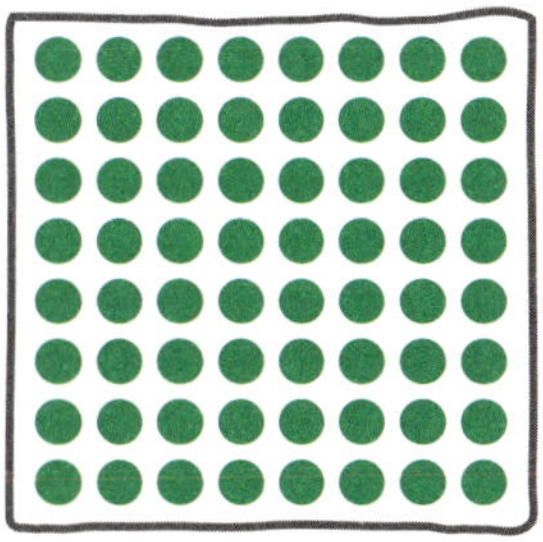

$8 \cdot 8 = 64$

$9 \cdot 9 = 81$

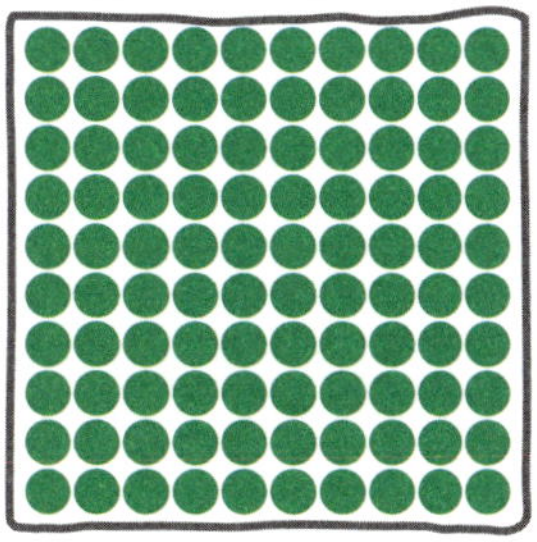

$10 \cdot 10 = 100$

Üben 50 Punkte

Üben 51 Kreise alle Quadratzahlen ein.

Üben 52 Schreibe zu jeder Quadratzahl die passende Malaufgabe.

49 = ... ·	64 = ... ·	9 = ... · ......
25 = ... ·	36 = ... ·	100 = ... · ......
1 = ... ·	16 = ... ·	81 = ... · ......

Üben 53 Schreibe jeweils die Nachbaraufgaben und rechne.

$3 \cdot 4 =$	$4 \cdot 4 =$	$5 \cdot 4 =$ ......
....	$8 \cdot 8 =$	....
....	$3 \cdot 3 =$	....
....	$20 \cdot 20 =$	....

Quadratzahlen

Lösung 51 Für jede richtig eingekreiste Quadratzahl gibt es 1 Punkt.

Lösung 52 Für jede richtige Aufgabe gibt es 1 Punkt.

49 = 7 · 7	64 = 8 · 8	9 = 3 · 3
25 = 5 · 5	36 = 6 · 6	100 = 10 · 10
1 = 1 · 1	16 = 4 · 4	81 = 9 · 9

Lösung 53 Für jede richtige Aufgabe gibt es 1 Punkt.

3 · 4 = 12	4 · 4 = 16	5 · 4 = 20
7 · 8 = 56	8 · 8 = 64	9 · 8 = 72
2 · 3 = 6	3 · 3 = 9	4 · 3 = 12
19 · 20 = 380	20 · 20 = 400	21 · 20 = 420

Üben 51 ___ Punkte 52 ___ Punkte 53 ___ Punkte

Üben 54 Rechne.

START → 45 → : 9 → ▭ → · 20 → ▭

↓ · 6

▭ ← : 50 ← ▭ ← · 10 ← ▭ ← : 30 ← ▭

↓ · 7

▭ → · 10 → ▭ → : 40 → ▭ → ZIEL

Üben 55 Ergänze.

160 : ...... = ...

360 : ...... = ...

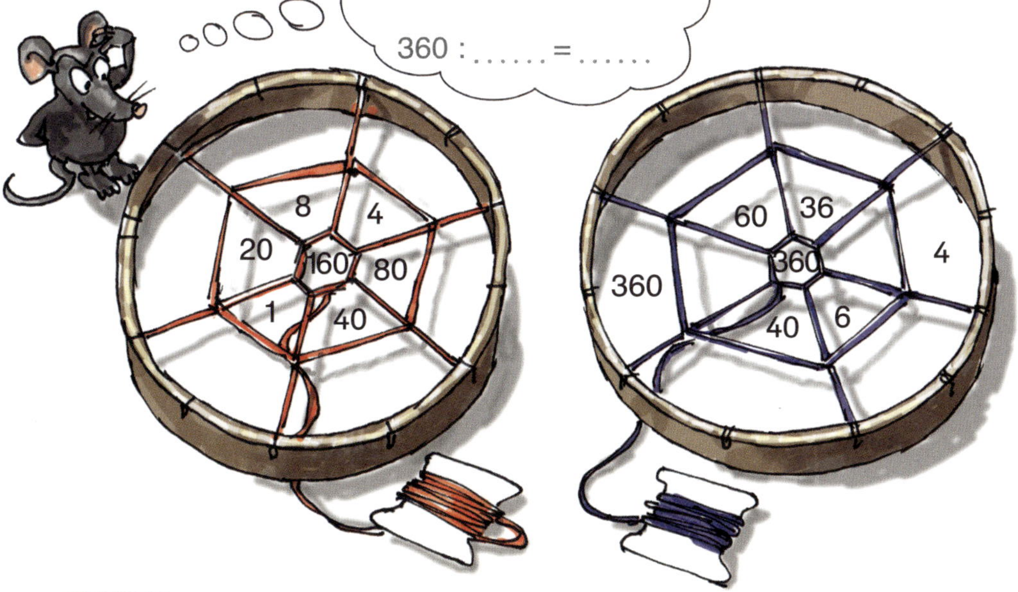

Kreuz und quer durchs Einmaleins

Lösung 54

Für jedes richtige Ergebnis gibt es 1 Punkt.

START → 45 —(: 9)→ 5 —(· 20)→ 100 —(· 6)→ 600 —(: 30)→ 20 —(· 10)→ 200 —(: 50)→ 4 —(· 7)→ 28 —(· 10)→ 280 —(: 40)→ 7 → ZIEL

Lösung 55

Für jede richtige Zahl gibt es 1 Punkt.

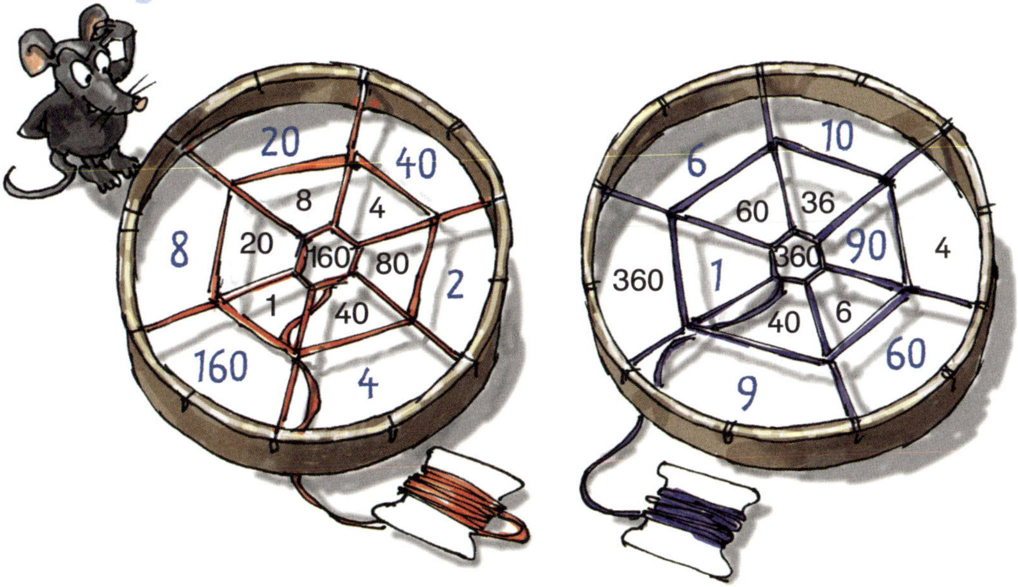

Üben 54 Punkte

Üben 55 Punkte

Üben 56 Rechne im Kopf.

$3 \cdot 60 =$	$7 \cdot 20 =$	$6 \cdot 30 =$ ......
$6 \cdot 60 =$	$7 \cdot 40 =$	$6 \cdot 60 =$ ......
$9 \cdot 60 =$	$7 \cdot 80 =$	$6 \cdot 90 =$ ......

$2 \cdot 70 =$	$8 \cdot 80 =$	$9 \cdot 80 =$ ......
$4 \cdot 70 =$	$4 \cdot 80 =$	$9 \cdot 40 =$ ......
$6 \cdot 70 =$	$2 \cdot 80 =$	$9 \cdot 20 =$ ......

Üben 57 Rechne geschickt.

$7 \cdot 4 \cdot 5 =$ ....

$2 \cdot 9 \cdot 5 =$ ....

$5 \cdot 7 \cdot 4 =$ ....

$4 \cdot 5 \cdot 8 =$ ....

$5 \cdot 5 \cdot 6 =$ ....

$9 \cdot 8 \cdot 5 =$ ....

Kreuz und quer durchs Einmaleins

Lösung 56

Für jede richtige Aufgabe gibt es 1 Punkt.

$3 \cdot 60 = 180$	$7 \cdot 20 = 140$	$6 \cdot 30 = 180$
$6 \cdot 60 = 360$	$7 \cdot 40 = 280$	$6 \cdot 60 = 360$
$9 \cdot 60 = 540$	$7 \cdot 80 = 560$	$6 \cdot 90 = 540$
$2 \cdot 70 = 140$	$8 \cdot 80 = 640$	$9 \cdot 80 = 720$
$4 \cdot 70 = 280$	$4 \cdot 80 = 320$	$9 \cdot 40 = 360$
$6 \cdot 70 = 420$	$2 \cdot 80 = 160$	$9 \cdot 20 = 180$

Lösung 57

Für jede richtige Aufgabe gibt es 1 Punkt.

Mögliche Lösungen:

$7 \cdot 4 \cdot 5 = 7 \cdot 20 = 140$

$2 \cdot 9 \cdot 5 = 10 \cdot 9 = 90$

$5 \cdot 7 \cdot 4 = 20 \cdot 7 = 140$

$4 \cdot 5 \cdot 8 = 4 \cdot 40 = 160$ oder $20 \cdot 8 = 160$

$5 \cdot 5 \cdot 6 = 5 \cdot 30 = 150$

$9 \cdot 8 \cdot 5 = 9 \cdot 40 = 360$

TIPP

Manchmal ist es geschickt, die Zahlen zu tauschen.

$8 \cdot 2 \cdot 5 = 2 \cdot 5 \cdot 8 = 10 \cdot 8$ oder $8 \cdot 2 \cdot 5 = 8 \cdot 10 = 80$

Üben 56 Punkte

Üben 57 Punkte

Üben 58 Setze die Reihen fort. Ergänze die fehlenden Zahlen.

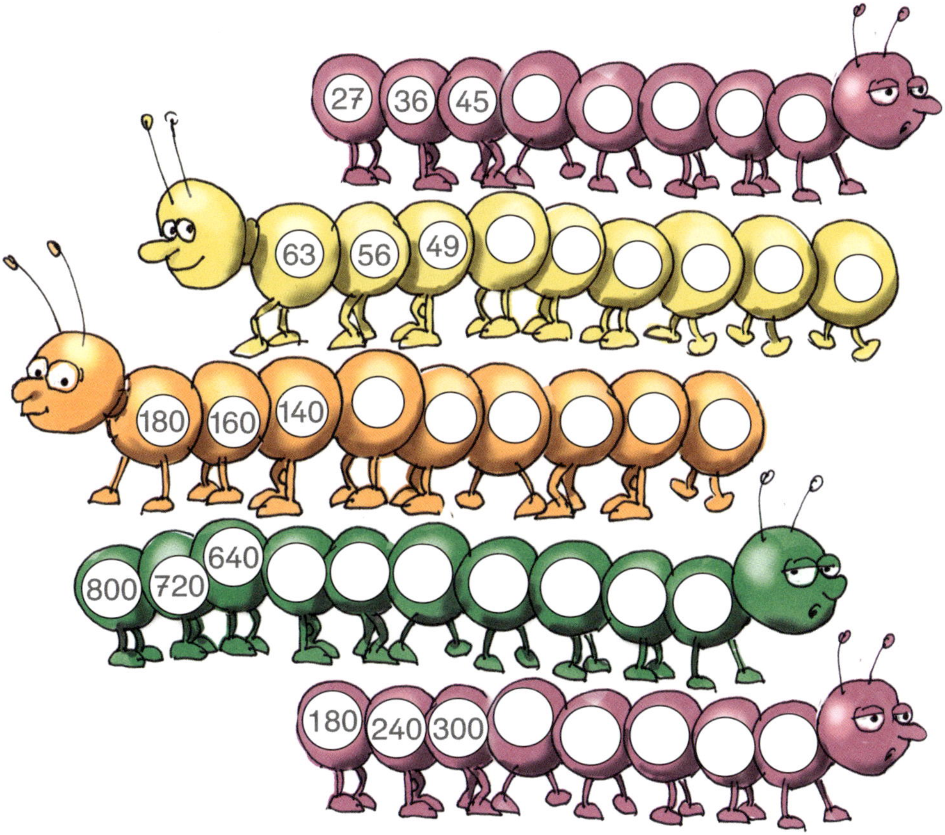

Üben 59 Rechne und ergänze.

:	4	40	8	80
160				
240				
560				

:	3	30	9	90
90				
180				
270				

Kreuz und quer durchs Einmaleins

Lösung 58

Für jede richtige Raupe gibt es 1 Punkt.

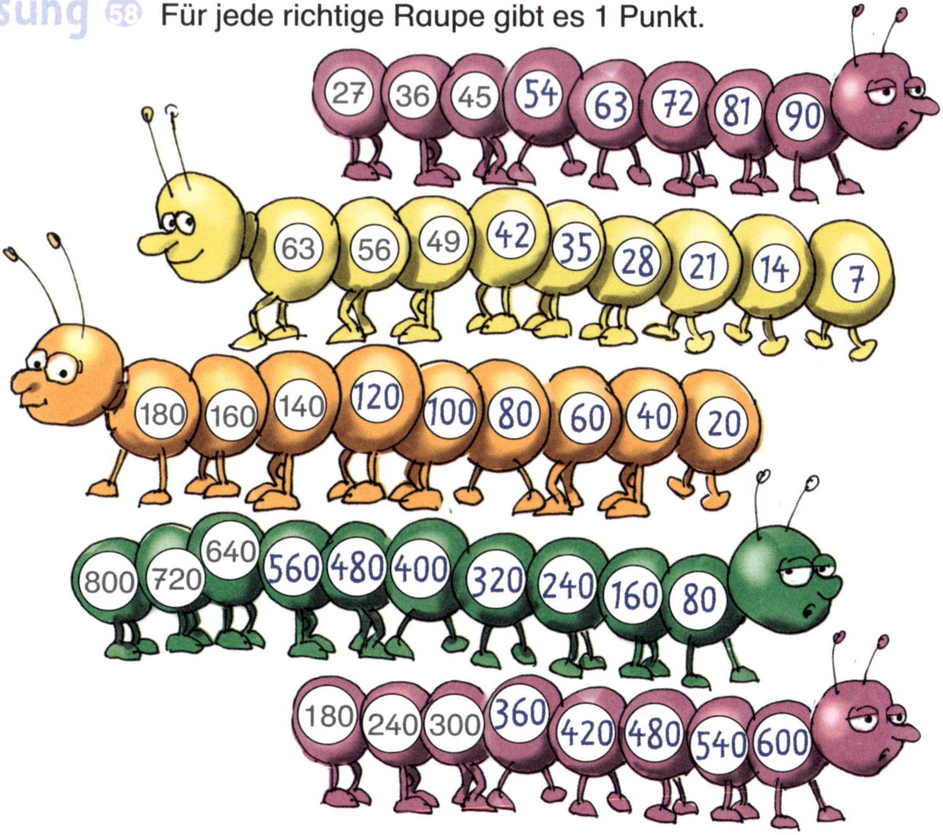

Lösung 59

Für jede richtige Zahl gibt es 1 Punkt.

:	4	40	8	80
160	40	4	20	2
240	60	6	30	3
560	140	14	70	7

:	3	30	9	90
90	30	3	10	1
180	60	6	20	2
270	90	9	30	3

Üben 58 Punkte

Üben 59 Punkte

Üben 60 Löse die Aufgaben mit dem Malkreuz.

$4 \cdot 15 =$ ......

·	10	5	
4			

$8 \cdot 17 =$ ......

·	10	7	
8			

$5 \cdot 25 =$ ......

·			

$6 \cdot 37 =$ ......

·			

$12 \cdot 16 =$ ......

·	10	6	
10			
2			

$14 \cdot 18 =$ ......

·			

$3 \cdot 327 =$ ......

·				

$6 \cdot 145 =$ ......

·				

Vermischte Aufgaben zum Einmaleins

Kreuz und quer durchs Einmaleins

Lösung 60 Für jedes richtige Malkreuz gibt es 2 Punkte.

4 · 15 = 60

·	10	5	
4	40	20	60

8 · 17 = 136

·	10	7	
8	80	56	136

5 · 25 = 125

·	20	5	
5	100	25	125

6 · 37 = 222

·	30	7	
6	180	42	222

12 · 16 = 192

·	10	6	
10	100	60	160
2	20	12	32
			192

14 · 18 = 252

·	10	8	
10	100	80	180
4	40	32	72
			252

3 · 327 = 981

·	300	20	7	
3	900	60	21	981

6 · 145 = 870

·	100	40	5	
6	600	240	30	870

Üben 60 ___ Punkte

Üben 61 Rechne geschickt.

4 · 79 = ...	9 · 13 = ...	7 · 31 = ...
4 · 80 = ...	10 · 13 = ...	7 · 30 = ...
4 · 1 = ...	1 · 13 = ...	7 · 1 = ...
...... − ...... = ...	...... − ...... = ...	...... + ... = ...

9 · 12 = ...	8 · 59 = ...	6 · 29 = ...
....	....	....
....	....	....
....	....	....

Üben 62 Rechne geschickt.

306 : 6 = ...	623 : 7 = ...	711 : 9 = ...
300 : 6 = ...	630 : 7 = ...	720 : 9 = ...
312 : 6 = ...	637 : 7 = ...	729 : 9 = ...

Kreuz und quer durchs Einmaleins

Lösung 61

Für jede richtige Aufgabe gibt es 1 Punkt.

$4 \cdot 79 = 316$
$4 \cdot 80 = 320$
$4 \cdot 1 = 4$
$320 - 4 = 316$

$9 \cdot 13 = 117$
$10 \cdot 13 = 130$
$1 \cdot 13 = 13$
$130 - 13 = 117$

$7 \cdot 31 = 217$
$7 \cdot 30 = 210$
$7 \cdot 1 = 7$
$210 + 7 = 217$

$9 \cdot 12 = 108$
$10 \cdot 12 = 120$
$1 \cdot 12 = 12$
$120 - 12 = 108$

$8 \cdot 59 = 472$
$8 \cdot 60 = 480$
$8 \cdot 1 = 8$
$480 - 8 = 472$

$6 \cdot 29 = 174$
$6 \cdot 30 = 180$
$6 \cdot 1 = 6$
$180 - 6 = 174$

Lösung 62

Für jede richtige Aufgabe gibt es 1 Punkt.

$306 : 6 = 51$
$300 : 6 = 50$
$312 : 6 = 52$

$623 : 7 = 89$
$630 : 7 = 90$
$637 : 7 = 91$

$711 : 9 = 79$
$720 : 9 = 80$
$729 : 9 = 81$

Rechne und trage die Ergebnisse in das Kreuzzahlrätsel ein.

	B ↓		C ↓		D ↓		E ↓
A →							
		F → ↓				G →	
	H → ↓			I ↓			
J →							

Waagerecht:

A 10 · 20 + 16
F 1000 – 60 · 10 – 7 · 7 – 51
G 80 · 0
H 300 : 10 + 0 · 200
J 400 – 8 · 9 – 10 · 20 – 6 · 7

Senkrecht:

B 1 · 30 – 2
C 70 · 9
D 5 · 100 – 92
E 6 · 9 – 12 + 8 · 8
F 6 · 6 + 0 · 100
H 40 · 3 – 9 · 9 – 31
I 5 · 5 + 4 · 40 – 176

Kreuz und quer durchs Einmaleins

Lösung 63 Für jedes richtige Ergebnis gibt es 1 Punkt.

	B ↓		C ↓		D ↓		E ↓
A →	2	1	6		4		1
	8	F → ↓	3	0	0	G →	0
	H → ↓	3	0	I ↓	8		6
J →	8	6		9			

TIPP

Punktrechnung kommt vor Strichrechnung.

Üben 64 Rechne.

Im Kinocenter gibt es 2 Kinosäle: Das Studio hat 8 Reihen mit je 20 Plätzen. Im Atlantis gibt es 12 Reihen mit je 20 Plätzen. Wie viele Plätze hat das Kinocenter insgesamt?

Rechnung:

Antwort: ....

In das City-Kino passen insgesamt 256 Zuschauer. Es gibt 4 Logen mit je 8 Plätzen. Im Parkett sind 7 Reihen mit je 12 Plätzen. Wie viele Plätze hat jede der restlichen 20 Reihen?

Rechnung:

Antwort: ....

Im Kino

Lösung 64 Für jede richtige Sachaufgabe gibt es 2 Punkte.

Mögliche Rechenschritte:

Rechnung: Studio: $8 \cdot 20 = 160$
Atlantis: $12 \cdot 20 = 240$
$160 + 240 = 400$

Antwort: Das Kinocenter hat insgesamt 400 Plätze.

Rechnung: Loge: $4 \cdot 8 = 32$
Parkett: $7 \cdot 12 = 84$
$84 + 32 = 116$
$256 - 116 = 140$
$140 : 20 = 7$

Antwort: Jede der restlichen 20 Reihen hat 7 Plätze.

Üben 65 Rechne.

Die Waldschule plant für 240 Kinder ein Sportfest. Es sollen immer 20 Kinder gleichzeitig an einer Station sein. Wie viele Stationen müssen aufgebaut werden, damit alle Kinder aufgeteilt sind?

Rechnung:

Antwort: ....

Tim, Celia und Marc trainieren für einen Laufwettbewerb. Tim läuft in einer Woche 14 Runden auf dem Sportplatz. Celia läuft dreimal so viel und Marc sogar das Doppelte von Celia. Wie viele Runden läuft Marc in einer Woche mehr als Tim?

Rechnung:

Antwort: ....

Rund um den Sport

Lösung 65 Für jede richtige Sachaufgabe gibt es 2 Punkte.

Mögliche Rechenschritte:

Rechnung: 240 : 20 = 12

Antwort: Es müssen 12 Stationen aufgebaut werden.

Rechnung: Tim: 14

Celia: 3 · 14 = 42

Marc: 42 · 2 = 84

84 – 14 = 70

Antwort: Marc läuft 70 Runden mehr als Tim.

Üben 66 Rechne.

Die Klasse 3c mit 24 Kindern plant einen Ausflug zum Skaterpark. Die Hälfte davon sind Jungen. Alle Jungen haben ein Wave- oder Skateboard. Nur die Hälfte der Mädchen besitzt ein Board. Wie viele Boards müssen noch geliehen werden?

Rechnung:

Antwort: ....

Bei einem Fußballturnier spielen auf einem Kleinfeld 7 gegen 7 Spieler. Am Turnier nehmen 16 Jungen- und 12 Mädchenmannschaften teil. Jede Mannschaft hat noch 2 Ersatzspieler dabei. Wie viele Kinder wurden insgesamt angemeldet?

Rechnung:

Antwort: ....

Lösung 66 Für jede richtige Sachaufgabe gibt es 2 Punkte.

Mögliche Rechenschritte:

Rechnung: Jungen: 24 : 2 = 12

Mädchen: 24 : 2 = 12

Boards Jungen: 12

Boards Mädchen: 12 : 2 = 6

Antwort: Es müssen noch 6 Boards ausgeliehen werden.

Rechnung: Anzahl Kinder für jede Mannschaft: 7 + 2 = 9

Jungenmannschaften: 16 · 9 = 144

Mädchenmannschaften: 12 · 9 = 108

Gesamtspieler: 144 + 108 = 252

Antwort: Es wurden insgesamt 252 Kinder angemeldet.

Üben 66 ☐ **Punkte**

Üben 67 Rechne.

Beim Schulfest werden für das Kuchenbüfett 16 Torten und 14 Kuchen abgegeben. Jede Torte wird in 16 Stücke und jeder Kuchen in 12 Stücke geschnitten. Wie viele Stücke können insgesamt verkauft werden?

Rechnung:

Antwort: ....

Für den Würstchenstand des Schulfestes wurden 11 Pakete mit je 8 Bratwürsten und 15 Pakete mit je 6 Paar Wienerwürstchen eingekauft. Wie viele Würstchen können insgesamt verkauft werden?

Rechnung:

Antwort: ....

Beim Schulfest

Lösung 67 Für jede richtige Sachaufgabe gibt es 2 Punkte.

Mögliche Rechenschritte:

Rechnung: Tortenstücke: 16 · 16 = 256
Kuchenstücke: 14 · 12 = 168
Stücke gesamt: 256 + 168 = 424

Antwort: Es können insgesamt 424 Stücke verkauft werden.

Rechnung: Bratwürste: 11 · 8 = 88
Wiener: 15 · 6 · 2 = 180
Würstchen gesamt: 88 + 180 = 268

Antwort: Es können insgesamt 268 Würstchen verkauft werden.

Üben 67 ____ **Punkte**

Trage hier ein, wie viele Punkte du bei den Übungen erreicht hast und ob die Aufgaben für dich leicht oder schwer waren. Lass dir beim Ausrechnen der Gesamtpunktzahl helfen.

Einmaleinsreihen	Punktzahl	Erreichbare Punktzahl		
Üben 1		20		
Üben 2		8		
Üben 3		12		
Üben 4		14		
Üben 5		10		
Üben 6		10		
Üben 7		4		
Üben 8		16		
Üben 9		4		
Üben 10		6		
Üben 11		10		
Üben 12		11		
Üben 13		12		
Üben 14		4		
Üben 15		10		
Üben 16		11		
Üben 17		12		
Üben 18		10		
Üben 19		10		
Üben 20		11		
Üben 21		12		
Üben 22		1		
Üben 23		6		
Üben 24		18		

Trainingsergebnisse

Üben 25		18		
Üben 26		4		
Üben 27		10		
Üben 28		11		
Üben 29		12		
Üben 30		8		
Üben 31		10		
Üben 32		11		
Üben 33		15		
Üben 34		12		
Üben 35		10		
Üben 36		11		
Üben 37		8		
Üben 38		6		
Üben 39		6		
Üben 40		18		
Üben 41		16		
Üben 42		10		
Üben 43		11		
Üben 44		4		
Üben 45		12		
Gesamtpunktzahl		465		

Vermischte Aufgaben zum Einmaleins	Punktzahl	Erreichbare Punktzahl		
Üben 46		9		
Üben 47		8		
Üben 48		12		
Üben 49		22		
Üben 50		16		

Üben 51		5		
Üben 52		9		
Üben 53		12		
Üben 54		9		
Üben 55		12		
Üben 56		18		
Üben 57		6		
Üben 58		5		
Üben 59		24		
Üben 60		16		
Üben 61		6		
Üben 62		9		
Üben 63		12		
Gesamtpunktzahl		210		

Sachaufgaben zum Einmaleins	Punktzahl	Erreichbare Punktzahl	☺	☹
Üben 64		4		
Üben 65		4		
Üben 66		4		
Üben 67		4		
Gesamtpunktzahl		16		

Endergebnis: .... von 691 erreichbaren Punkten.

Trainingsergebnisse

bis 300 Punkte: Prima, dass du alle Aufgaben bearbeitet und so fleißig trainiert hast! Du solltest jedoch noch weiter üben, um sicherer im Rechnen mit dem Einmaleins zu werden.
Bitte deine Lehrerin oder deinen Lehrer um weitere Übungen zum Einmaleins und zu den Grundrechenarten, die dir besondere Schwierigkeiten machen. Auch das Buch „Einfach klasse in Mathematik – 3. Klasse“ bzw. „Wissen – Üben – Testen: Mathematik 3. Klasse“ kann dir kann dir helfen: Dort findest du viele Übungen und kannst wichtige Regeln wiederholen.

301 bis 500 Punkte: Du hast vieles richtig gemacht und toll durchgehalten! Wenn du weiter regelmäßig trainierst, kannst du zu einem richtigen Rechenprofi werden. Dazu solltest du dir die Aufgaben nochmals genau ansehen, bei denen du in den Trainingsergebnissen dieses Zeichen angekreuzt hast: 
Suche dir zum Rechnen mit dem Einmaleins Übungen in deinem Mathematikbuch und wiederhole die Tipps auf den Lösungsseiten.

501 bis 691 Punkte: Herzlichen Glückwunsch! Du bist fit im Rechnen mit dem Einmaleins. Nun ist es wichtig, dass du durch regelmäßiges Training deine gute Form behältst: Suche dir für die Freiarbeit in der Schule oder zum Üben zu Hause immer wieder Aufgaben zum Rechnen mit dem Einmaleins aus.

Als Belohnung fürs Durchhalten darfst du dir die Medaille auf der nächsten Seite ausschneiden!